孩子的第一套
安全自救书

在学校

平安成长比成功更重要

彭桂兰 主编

农村读物出版社

平安成长比成功更重要

——编者序

　　根据专家调查结果发现，由于儿童本身的自制能力差，活泼好动，好奇心强，再加上社会的高速发展和环境的不断改变，近年来，我国少年儿童的伤亡率越来越高，加强少年儿童的自我保护意识已经迫在眉睫。

　　家长对孩子的关心，排在第一位的就是安全，第二是健康，第三才是成绩。因为没有安全，其他的都无从谈起。

　　从家庭到校园，再到户外，每个场所都有可能潜伏着危险。本套书站在少年儿童的角度，用生动有趣的漫画加上轻松活泼的游戏方式，把丛书分为三个系列——在家里、在学校、在户外篇。分别向小朋友讲述面对不同场景、不同情况下安全自救的基本常识。让小朋友在轻松愉快的阅读中，学到自我保护的本领，健康成长。

目录

Contents

目录
Contents

目录
Contents

01 铅笔不是棒棒糖

1 丁丁在教室里做算术题。

这个怎么做呢?

2 丁丁一边想问题，一边把铅笔放在嘴里咬。

3 丁丁咬着铅笔，将两条腿放在了桌子上摇摇晃晃。

哎哟! 好疼啊!

4 椅子歪了，丁丁摔倒在地上，铅笔戳到了脖子。

安全一点通

铅笔含有重金属"铅"。小朋友如果有咬铅笔的习惯，很有可能会导致"铅中毒"。一起来看看如何安全地使用铅笔吧！

①不啃咬铅笔。

②用完铅笔要洗手。

③用完铅笔要放好，防止扎伤。

④出现铅中毒的症状要及时看医生。

02 涂改液 不乱玩

1 丁丁写作业时发现涂改液有一个"神奇"的功能。

2 丁丁用它在手腕上画了一块手表。

3 老师看见了，急忙制止了丁丁。

4 丁丁马上把手腕上的涂改液洗干净了。

涂改液看上去颜色很白，很干净，其实含有一些有毒物质。如果不小心弄到身上了怎么办呢？

①不小心弄到了皮肤上，用风油精擦或用水冲洗。

②弄到了衣服上，要用纸巾擦干净，不要用手去碰。之后请妈妈用风油精洗干净。

03 安全使用剪刀

1 今天的美术课，老师教大家剪纸。

我们每人剪朵花吧！

2 灵灵和丁丁分在一组，他们一人剪了一朵花。

你看，我剪的漂亮吧？

我的才好看！

3 剪完以后，两人为了比谁的好看争了起来。

4 一不小心，丁丁的剪刀划到了灵灵的手，灵灵大哭起来。

小朋友，在你拿着小剪刀舞动的时候，有没有想过，有可能伤害自己或者伤害别人呢？所以，使用剪刀时，一定牢记以下几点：

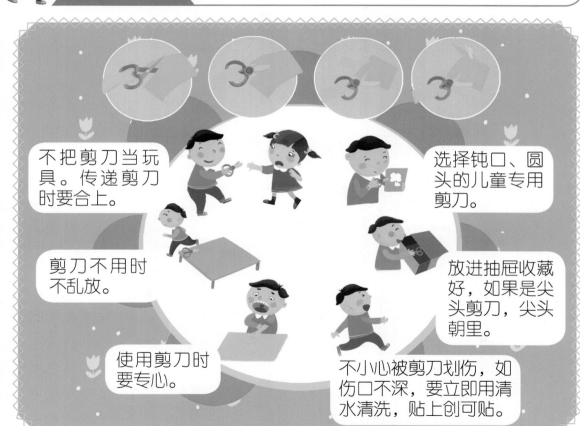

不把剪刀当玩具。传递剪刀时要合上。

选择钝口、圆头的儿童专用剪刀。

剪刀不用时不乱放。

放进抽屉收藏好，如果是尖头剪刀，尖头朝里。

使用剪刀时要专心。

不小心被剪刀划伤，如伤口不深，要立即用清水清洗，贴上创可贴。

04 不把文具当玩具

1 丁丁拿着一支铅笔想给灵灵表演一个"绝技"。

2 说着，丁丁把铅笔塞进了鼻孔里。

3 就算松开手，铅笔也不会掉下来，丁丁很得意。

4 一不小心摔倒了，铅笔戳到了鼻孔，丁丁大哭起来。

小朋友，文具是我们的学习用品，但不是玩具哦。下面这些文具，你知道有什么危险吗？请把它们与可能的危险连起来。

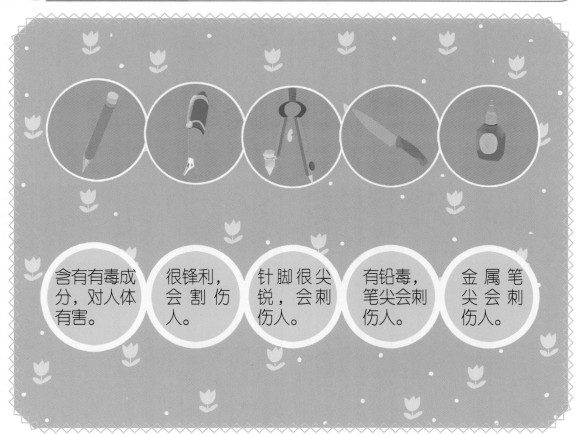

含有有毒成分，对人体有害。

很锋利，会割伤人。

针脚很尖锐，会刺伤人。

有铅毒，笔尖会刺伤人。

金属笔尖会刺伤人。

05 翻书的正确做法

灵灵，可以借给我看一下吗？

1 灵灵坐在课桌前正看一本童话书。

2 丁丁也想看一下。

可以啊！

3 灵灵爽快地答应了。

丁丁，你这样翻书太脏了！

4 丁丁接过书，用手指点了点唾沫，开始翻书。

像丁丁这样蘸着唾沫翻书，不光是不卫生，而且可能会感染疾病呢！小朋友，我们一起来学习一下翻书的正确方法吧：

❶书本的纸张因印刷过程含有各种化学物质，还有很多细菌，用手指蘸唾液翻书，手指会沾上有害物质和细菌，放到口中，很可能会感染疾病。

❷翻书的时候动作要轻，捏住书页翻，而不要捏住书页的边缘翻，以免锋利的书页划破手指。

❸不小心被锋利的书页划破手指，要立即把手洗干净，然后贴上创可贴。

1 上课的时候，丁丁一副无精打采的样子。

2 不一会儿，丁丁竟然趴在课桌上睡着了。

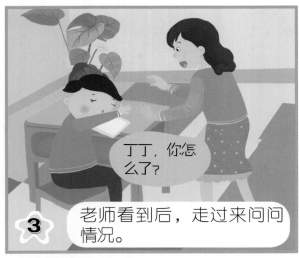

3 老师看到后，走过来问问情况。

4 老师摸摸丁丁的额头，原来丁丁发烧了。

小朋友，在学校里如果生病了，应该怎么办呢？下面这些做法是正确的，一起来认识一下吧！

① 及时告诉老师，不强忍或者隐瞒病情。

② 不要随便吃药，乱吃药的话，很可能会加重病情。

③ 去校医室看病，或者通知爸爸妈妈带你去医院治疗。

1 丁丁在教室里发现了很多粉笔头。

2 丁丁高兴地拿起粉笔头扔向小胖。

3 小胖也不示弱，捡起粉笔头就扔了回来。

4 丁丁和小胖互扔粉笔头，旁边的同学也遭了殃。

教室里面空间狭小，而且摆放着课桌，在这里玩耍、打闹，很容易发生危险。

教室里面哪些东西不能玩，你知道吗？

①粉笔、尺子、黑板刷不能拿来玩，扫帚、簸箕等劳动工具也不能拿来玩，以免伤到其他同学。

②如果发现有同学在教室打闹，或者有人受伤，马上通知老师。

08 这样的"勇敢"要不得

1 丁丁和小胖站在一个很高的台阶上。

2 同学让他们从高台上跳下来，丁丁一口就答应了。

3 同学们在下面加油，丁丁和小胖从台阶上往下跳。

4 没想到，两个人重重地摔在了地上。

从高处往下跳是件非常危险的事情，也是件很愚蠢的事情，小朋友，你可不能尝试哦！

①不要从高处往下跳，这样容易摔伤，严重的会危害生命哦！

②摔伤后不要乱动，请身边的同学通知老师。身边没有人时，大声呼救，引起附近人的注意，前来救援。

③如果有同学和你打赌，或要和你比赛敢不敢从高处跳，不要答应，不要逞能。

1 课堂上，大家在认真听讲。

2 要下课了，丁丁和小胖打算比赛看谁先跑到食堂。

3 下课铃一响，丁丁和小胖就飞奔着跑出教室。

4 一不小心，两人撞到了一起，双双摔在地上。

① 为了早些吃上饭，打饭的时候插队。

② 按次序排队就餐。

③ 抢着去吃饭，撞到了其他人。

10 路边零食不乱吃

1 学校门口经常有推着小车卖烧烤的小商贩。

2 有一次，丁丁忍不住买了一些。

3 丁丁把它们分给同学们一起吃。

4 到了上课的时候，大家都开始闹肚子了，

马路上车来车往，尘土飞扬，小摊贩售卖的食物可能早就沾上了灰尘。而且，他们出售的是不是干净卫生的合格产品，我们也不知道呢！

吃了"路边摊"，闹肚子怎么办？

1. 轻微不舒服，多喝热水，多运动，加快消化。

2. 抠舌根，把不干净的食物吐出来。

3. 去厕所排毒。

11 糟糕！牙齿磕掉了

1 丁丁和大家一起玩老鹰捉小鸡，丁丁站在最后面。

2 丁丁来回躲避"老鹰"时，摔倒了。

3 丁丁摸摸嘴巴，居然吐出了一颗牙齿。

4 丁丁不知道怎么办才好，坐在地上大哭。

六七岁时，我们的乳牙会脱落，然后长出来恒牙。如果恒牙意外受伤或者脱落，一定要立即做出正确的处理，以便及时回植，将伤害降到最低。

① 断牙可以用矿泉水、牛奶、生理盐水泡着，或者用嘴含着，以便回植。不能用纸巾包着。

② 用纯净水不要用自来水清洗口腔污血。

③ 一定要去看医生，防止感染。看牙医后，短期内不要吃太硬的食物。

12 课间游戏要小心

1 下课了，丁丁叫上灵灵一起玩游戏。

2 原来，丁丁是带灵灵来玩丢沙包！

3 两人你来我往，玩得非常高兴。

4 不好，这次丁丁扔出的沙包扔到灵灵的眼睛。

小朋友尽量选择软质沙包来做游戏，否则容易伤到人。下面的这些游戏也暗含危险，小朋友玩的时候一定要注意噢！

斗鸡：太激烈，撞到别人自己和对方都会摔倒。

飞镖、射击：如果没防护设施，伤到人可不好。

抽陀螺：幅度太大，周围有人的时候鞭子会误伤人。

13 沙子真好玩

1 丁丁和灵灵在沙堆玩。

2 俩人嬉笑玩闹的时候，互相扔沙子。

快去用水洗一洗。

3 一不小心，沙子进了丁丁的眼睛。

4 灵灵帮助丁丁把眼睛里的沙子洗干净了。

沙子可以堆成不同的造型，不过在玩的时候也要注意安全。下面这些小知识，你一定要牢记哦！

① 在玩沙过程中不要**扔沙子**。

② 玩完后把身上拍一拍。

③ 用水把手洗干净。

14 吃手指的门缝

1 课间休息时，丁丁和小胖在教室里追赶打闹。

让我进去！

2 轮到丁丁追小胖了，小胖想把丁丁关在门外。

我就不让你进来！嘿嘿！

3 丁丁抓着门不松手。俩人一较劲，丁丁的手被卡住了。

以后可不能这样玩啦！

4 老师赶紧把丁丁带到医务室去包扎。

安全一点通

被门缝卡住手指，轻一点手指会受伤，重一点可能会让手指卡断。小朋友，你可不能把手放到门缝里去玩啊！开门关门也要特别注意：

①开门出去时站在门的一侧，以免和要进门的同学相撞。

②关门时要看一看旁边有没有人，以免夹伤同学。

③推门时动作要轻一点，以免碰到门后面的同学。

15 上下楼梯不拥挤

1 下课铃声响了。

2 同学们一起涌出教室。

3 最前面的小朋友在楼梯口被绊倒了。

4 后面的小朋友也全都跟着往前倒，场面混乱。

在学校里面人很多，小朋友正确上下楼梯的方式很重要。下面哪个小朋友做得对？请你给做得对的小朋友画一朵大红花吧！

16 危险的滑梯

1 丁丁站在滑梯下面，想从下面走上去。

2 丁丁一步一步往上蹬。

3 刚走到一半，丁丁就摔了下来，下巴摔得可疼了。

4 老师听见了丁丁的哭声，赶紧跑来扶起他。

小朋友，玩滑梯的时候也要注意安全哦，下面这几点一定要记牢了！

① 不拥挤、不打闹，保持距离。

② 不从滑板底部往上爬。

③ 不能头朝下玩滑梯。

④ 玩滑梯不翻栏杆。

17 玩具枪，危险

1 丁丁今天把一个新玩具带到了学校。

2 丁丁得意地向同学们展示了一下。

3 丁丁向窗外开枪。

4 小胖刚好跑过来看，子弹打到了他的脸。

玩具枪的子弹比较坚硬，不能对着人的脸或眼睛打，严重的会导致失明。

①不对着人打，以免伤人。

②不争抢玩具枪，以免误伤。

③如受伤，及时通知老师。

18 走廊上不追赶

1 课间休息时间，大家都在走廊活动。

2 丁丁和一个男孩在走廊上追赶打闹。

3 同学们被他们俩撞得东倒西歪，有的还摔倒了。

4 灵灵站出来，指出了他们的不对。

现在是课间休息时间，你觉得下面有哪些
小朋友玩的游戏很危险？请圈出来。

19 不攀爬围墙

1 放学了，大家都纷纷走出教室。

2 走到操场的时候，丁丁想带小胖翻围墙走近路回去。

3 两个人一先一后爬到了学校的围墙上。

4 从围墙上跳下来的时候，丁丁摔伤了腿。

安全一点通

攀爬围墙是多么危险的事情啊！如果围墙再高些，丁丁他们可能会摔断腿！图中小朋友的做法正确吗？请你说一说。

①和同学说话爱动手。

②用竹竿戳树上的鸟窝。

③在教室走廊上跳绳。

④攀爬围墙。

20 运动会真热闹

1 运动会上，丁丁和同学们正在给比赛的同学加油。

2 三人在赛场旁边上开始猜测比赛的结果。

3 一个铁饼飞了过来，落在丁丁身旁。

4 还好没砸到，这可把丁丁吓坏了！

小朋友们在观看运动会时，一定要严格遵守运动会的安全事项，时刻保护自己。

①观看铁饼、铅球、标枪、足球之类的运动时，坐在观众席上远距离观看，以免被击伤。

②不参赛，或已经比赛完毕的同学，不在比赛场地穿行、玩耍，以免和正在比赛的运动员发生撞击。

21 不戴易碎眼镜打球

1 几个小伙伴在篮球场上打篮球。

2 戴眼镜的小明抱着篮球正要灌篮。

3 投出去的球弹了回来，镜片碎了，伤到了小明的眼眶。

4 大家赶紧把他背到医务室去看医生。

球场上打球难免会发生碰撞，所以，戴眼镜的小朋友一定要十分注意。让我来教你几个实用的小方法吧！

①摘掉眼镜。

②选用树脂镜片眼镜，并用绳子系住眼镜架两端。

③佩戴系好绳子的眼镜。

22 玩游戏要找对地方

1 几个小朋友在篮球场上玩捉迷藏。

2 其他小朋友都藏好了，丁丁还没找到藏身的地方。

3 丁丁看到篮球架，想要藏到上面去。

4 丁丁爬上去以后，篮球架倒了。丁丁摔到了地上。

安全
一点通

除了篮球架不能攀爬，下面图中的行为也是十分危险的。

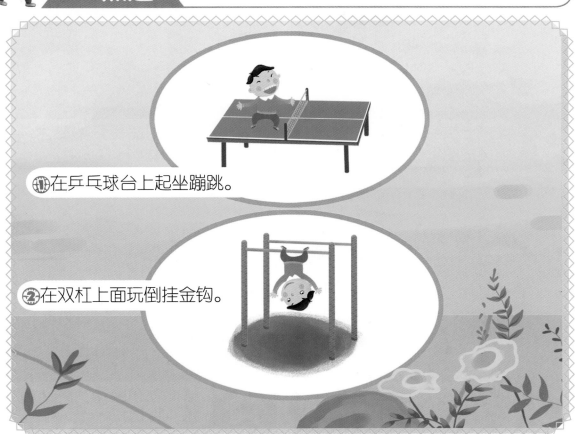

①在乒乓球台上起坐蹦跳。

②在双杠上面玩倒挂金钩。

1. 操场上有一堆木头，丁丁想跟灵灵用它们搭跷跷板玩。

2. 丁丁和灵灵开始搬木头搭跷跷板。

3. 跷跷板搭好后，两个人一人坐一头开始玩。

4. 灵灵没有坐稳，两人都摔到了地上。

小朋友，现在你知道了吧？建筑材料是不能拿来玩游戏的，太危险了。下面这些游戏是不是也很危险呢？请把有危险的圈出来。

① 荡秋千荡得很高。

② 跳绳。

③ 跟同学比武。

24 不搞恶作剧

1 丁丁和灵灵走在路上。丁丁发现了一条毛毛虫。

2 丁丁想用毛毛虫吓唬一下灵灵。

3 丁丁开始了他的恶作剧。

4 灵灵打开掌心一看，尖叫一声倒在地上。

不是所有小朋友都能经得起恶作剧的哦！
下面考考你，在正确的答案上打"√"。

①发现同学要对别人恶作剧时，应该：
　　A.　　及时制止
　　B.　　假装没看见
　　C.　　和同学一起恶作剧

②恶作剧时发生了意外，应该：
　　A.　　马上告诉老师
　　B.　　威胁同学不准告诉老师
　　C.　　互相埋怨

25 我不是超人

1 丁丁和小伙伴们在乒乓球场上玩超人游戏。

2 丁丁模仿超人，从乒乓球台上跳了下来。

3 没想到脚下踩到了石头，丁丁扭伤了脚。

4 丁丁疼得大哭，再也不想这样玩了。

小朋友，电视里的超人、神仙、魔法师都不是现实生活中的人，可不要随意模仿哦！下面哪些小朋友的游戏是可以玩的，请指出来。

①用扫帚比武。

②拿书本当飞镖。

③跟同学玩丢手绢的游戏。

1 教室里装上了一台新电视机，大家都非常高兴。

哈哈，这样我就能开电视啦！

2 想开电视却找不到遥控器，丁丁搬来了桌子和椅子。

3 老师正好走了过来。

万一电视砸下来怎么办？

4 这样太危险了！老师赶紧把他抱了下来。

教室里面的电视、电灯、电扇等教学电器，为什么不能随便乱碰，让我来告诉你：

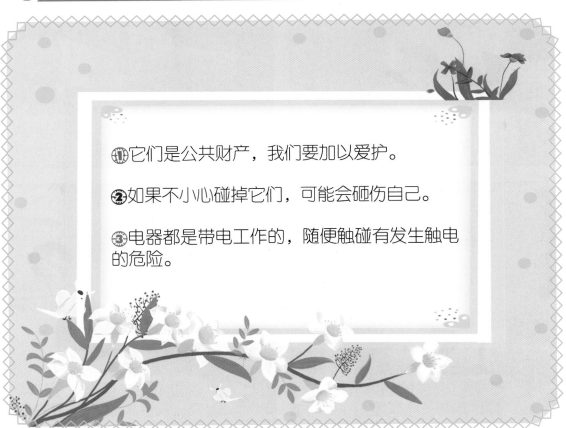

① 它们是公共财产，我们要加以爱护。

② 如果不小心碰掉它们，可能会砸伤自己。

③ 电器都是带电工作的，随便触碰有发生触电的危险。

27 湿布不能擦电灯

这么多灰尘怎么办?

1 大扫除时，丁丁发现教室里的日光灯上有很多灰尘。

用湿布擦吧!

2 灵灵建议搬来桌子踩着凳子用湿布去擦。

3 同学们来帮忙做准备，丁丁踩着椅子准备擦。

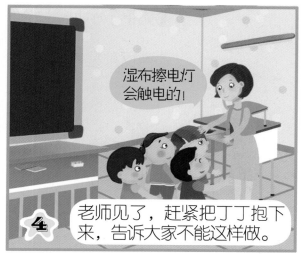

湿布擦电灯会触电的!

4 老师见了，赶紧把丁丁抱下来，告诉大家不能这样做。

小朋友，湿抹布中有水，水会导电，所以，用湿抹布擦电灯随时会发生触电危险。

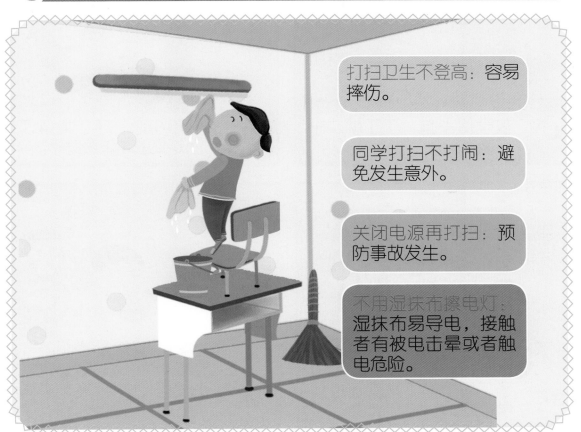

打扫卫生不登高：容易摔伤。

同学打扫不打闹：避免发生意外。

关闭电源再打扫：预防事故发生。

不用湿抹布擦电灯：湿抹布易导电，接触者有被电击晕或者触电危险。

1 放学铃一响，丁丁就冲出了教室。

2 一不小心，丁丁撞倒了迎面走来的高年级同学。

3 丁丁马上停下来向这位同学道歉。

4 没想到，这个高年级同学提出要丁丁赔钱。

在遭遇高年级同学勒索的时候，一定要保持冷静，不要哭。

下面的两个小方法也许可以帮你：

①尽量说一些好听的话，告诉他们没带钱，避免发生冲突。

②尽量拖延时间，看到有认识的同学或老师从旁边经过，马上大声呼救。

29 灭火器不能乱碰

1 墙上挂着一个灭火器，丁丁和灵灵站在边上看。

2 灵灵跟丁丁介绍说这是灭火器，丁丁不相信。

3 灵灵取下灭火器要演示给丁丁看。

4 "噗嗤"一声，灭火器的泡沫喷了丁丁一脸。

泡沫灭火器和干粉灭火器都是比较常见的灭火器。在你不会使用它们的时候，请勿随便触碰。下面介绍一下干粉灭火器的使用方法：

①使用前摇晃。

②除掉铅封。

③拔掉保险销。

④左手握着喷管。

⑤右手按压释放阀。

⑥站在距离火焰2米开外的上方，开始灭火。

1 丁丁在洗手间发现有两个同学在打架。

别打啦，别打啦，有事好好说！

2 丁丁上前劝他们不要打。

3 打架的两个小朋友根本就不理他。

同学之间要团结友爱，不能打架哦！

4 丁丁找来了老师，让老师把他们带回了教室。

安全一点通

小朋友，同学之间要讲究文明礼貌和团结友爱。

如果碰到有同学在打架，请你这样做：

①看到陌生人打架，不围观、不介入、不参与。

②如打架现场混乱，请快步远离现场。

③如果是熟悉的同学打架，先了解情况，公平、公正地去劝解。

④报告老师，防止事情变糟。

1 三个小朋友准备拿木棍来玩游戏。

哎哟!

2 丁丁说他的是少林棍，一棍子就打在小胖头上。

不要打了!

你演得还真像!

3 小胖抱着头求饶，丁丁以为他是装的，接着又打。

小胖，你不会有事吧?!

4 小胖头肿了一个包，晕晕地坐在地上。丁丁这下吓坏了。

刀枪棍棒都是不长眼睛的，小朋友们可不能拿来"打仗"哦，伤了别人伤了自己都不好。下面的小朋友，谁做得对呢？请指出来。

① 丁丁和小虎因为小事打架了。

② 丁丁要回家拿木棍。小虎要回家拿木剑。

③ 灵灵听了，及时制止了他们。

32 不拉帮结派

1 几个小朋友商量后，组成了一个叫"青龙派"的帮派。

2 "青龙派"的成员们开始在校园里大摇大摆地走。

3 他们不写作业，还要强迫丁丁帮他们写。

4 丁丁不乐意，"青龙派"的小朋友把他揍了一顿。

同学之间有几个志同道合的朋友是很难得的，但是如果是拉帮结派做坏事，那就得坚决抵制了。下面的小朋友谁做得对？请指出来。

① 因为害怕，加入帮派。

② 严厉拒绝，赶紧离开。

③ 向老师报告这些同学拉帮结派的情况。

33 我被欺负了

1 课间休息的时候，丁丁恶狠狠地叫灵灵帮他削铅笔。

2 灵灵被迫答应了。丁丁还变本加厉，在一旁玩灵灵的辫子。

3 丁丁把削好的铅笔向小胖炫耀，小胖觉得没削好。

4 丁丁生气地数落灵灵，一把把她推到了地上。

面对同学或高年级同学欺负你时，不用怕，你可以这样做：

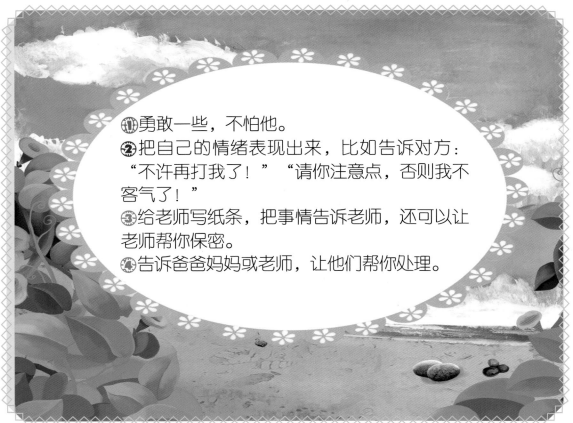

1. 勇敢一些，不怕他。
2. 把自己的情绪表现出来，比如告诉对方："不许再打我了！""请你注意点，否则我不客气了！"
3. 给老师写纸条，把事情告诉老师，还可以让老师帮你保密。
4. 告诉爸爸妈妈或老师，让他们帮你处理。

1 今天的体育课，男同学踢球，女同学玩呼啦圈。

2 灵灵和大家一起转呼啦圈比赛。

3 灵灵当时已经很累了，但是她总是想赢。

4 灵灵太用力，把腰扭伤了，老师连忙赶了过来。

体育活动、体力劳动都有可能扭到腰。如果你也不小心扭到腰了，赶紧一起来看看下面的办法吧。

①在痛的地方贴上跌打膏或涂上跌打药油。

②小朋友不要提重物。玩游戏要注意自我保护。

③腰扭伤后要多休息，要睡硬木板床，不能睡弹簧床，防止腰部再次受伤。

73

35 体育课上要小心

1 体育课上，老师要教大家跳马。

大家跳马的时候，双手一定要用力。

2 丁丁躲在后面玩石头，完全不知道老师讲了什么。

老师刚刚教了些什么啊？

3 轮到丁丁跳马了，他楞了一下，不知道怎么办。

4 果然，丁丁没有掌握好跳马的技巧，摔了一个大马趴。

安全一点通

体育课开始的时候，老师会讲很多有关运动的注意事项和技巧方法，一定要专心听哦！下面，我们来学习一些体育课上的安全事项：

① 口袋里面不要装钥匙、小刀等坚硬、锋利的东西。

③ 在进行跳高、单杠、双杠训练时，必须准备好垫子。

③ 在投铅球、铁饼、标枪时，一定要遵照老师的口令进行。

36 实验课要当心

1 这是一堂实验课，看起来很有趣的样子哦。

用酒精炉烧水，这水温会达到多少度呢？

2 老师在上面讲课，同学们在下面聚精会神地听。

3 老师开始演示，点燃酒精炉时，酒精炉突然爆炸了。

4 同学们吓得尖叫起来。

安全
一点通

实验课很新奇也很有趣，但是它也有不少危险哦。小朋友，你一定要先学会下面这些方法，才能好好地保护自己哦！

①实验材料不要乱碰，更不能随意尝。

②不要把实验室的器材带出教室。

③不在实验室随意玩火。

37 运动之前要准备

1 丁丁和小伙伴们到操场上准备踢足球。

2 球传到丁丁这里了，丁丁跳起来准备用头去顶。

丁丁，你怎么啦？

3 不知道为什么，丁丁没顶到，反而摔了一跤。

我的腿抽筋了！

4 原来丁丁运动前没热身，腿抽筋了。

运动之前有一系列的准备工作可以做，小朋友，你可一定要牢记哦！

①衣服鞋子要适合运动。

②热身运动可以活动四肢。

③运动难度由易到难，不要突然挑战高难度运动。

38 运动之后要注意

1 三个小朋友在一起打篮球打得满头大汗。

2 大家打完篮球后坐在地上休息，大口大口地喝水。

3 不一会儿，他们个个头晕、呕吐、四肢无力。

4 大家都觉得很奇怪。

安全一点通

运动之后大口喝水会导致肠胃不舒服。除此之外，运动之后还有哪些要注意的事项呢？让我来告诉你：

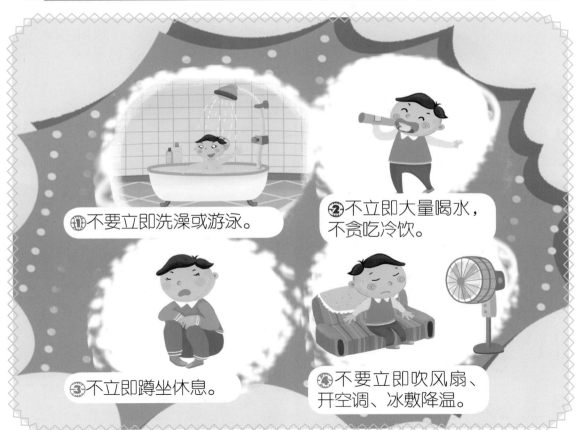

① 不要立即洗澡或游泳。

② 不立即大量喝水，不贪吃冷饮。

③ 不立即蹲坐休息。

④ 不要立即吹风扇、开空调、冰敷降温。

1 班级在进行大扫除，小伙伴们都很积极。

哎呀，擦不到!

2 丁丁站在地上擦玻璃，发现有一块擦不到。

这下够到了!

3 丁丁爬上窗台，把头探到窗外，终于可以擦到了。

这样太危险了!

4 老师赶紧跑过来把丁丁从窗台上抱了下来。

大扫除的时候，玻璃擦干净很重要，但更重要的是我们的安全。

从现在开始，擦玻璃要记住：

❶擦玻璃时，不要站在窗台上擦，更不能把身子探出窗外。

❷如果要站在高处擦玻璃，可以请同学来帮助你。你站在椅子上擦玻璃，同学帮你扶住椅子、递抹布。

1 上课时，丁丁打了一个喷嚏，无精打采的样子。

2 老师担心丁丁感冒了，赶紧过来关心一下。

3 老师用手摸了一下丁丁的额头，有点发烫。

4 丁丁被送到了医院，遇到很多染上流感的小朋友。

流行性感冒简称为"流感"，它可以通过空气、唾沫、人体接触等多种方式传播，传染性强，传播速度快。春季是流感多发季节。

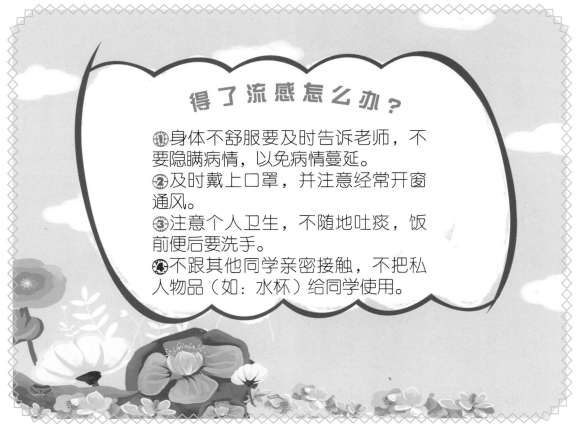

得了流感怎么办？

①身体不舒服要及时告诉老师，不要隐瞒病情，以免病情蔓延。

②及时戴上口罩，并注意经常开窗通风。

③注意个人卫生，不随地吐痰，饭前便后要洗手。

④不跟其他同学亲密接触，不把私人物品（如：水杯）给同学使用。

1 放学的时候，一位男老师到教室里来找灵灵。

2 灵灵跟着他一起走进了办公室。

灵灵最近表现不错哦！

3 男老师把灵灵抱在腿上，手放在了灵灵的腿上乱摸。

这个老师真奇怪！

4 这时，灵灵的爸爸来接灵灵了。灵灵走出办公室。

安全一点通

男老师对灵灵的这种行为是一种"坏行为"，这种行为是一种犯罪，小朋友不要害怕，要勇敢地保护自己。

遭遇"坏行为"怎么办？

①内衣内裤保护的部位是隐私部位，不能让人随意触摸；

②如果有老师故意接触你的身体，要表明自己的反感，并尽快离开。

③如果不能离开，要大声呼救。

④回家将这件事情告诉爸爸妈妈，请他们帮忙处理。

42 教室突然起火了

1. 老师在给大家上消防课的时候，提出了一个问题。

2. 前面的同学都争先恐后地抢着回答。

3. 后面的同学也很积极。

4. 老师很满意，接着详细地给大家讲解了消防知识。

安全一点通

突然发生火灾时，保护自己的生命是最重要的。

现在，我们来学习一些火灾逃生知识吧！

① 听从老师的指挥和安排，有秩序地逃离火场。

② 用湿毛巾捂住口鼻，沿着墙壁半蹲着往安全出口走。

③ 到达安全地后，立刻拨打119报警。

1 同学们都在教室上课。

2 突然，大家都感觉到摇摇晃晃，好多东西掉地上了。

3 原来是地震了！老师赶紧在讲台上指挥大家逃生。

4 同学们有秩序地快速跑出了教室。

小朋友，如果在学校突然发生地震，你知道如何保护自己吗？一起来学习几个地震逃生知识吧！

①听老师指挥安排，不要乱跑。

②靠近门的同学可以迅速跑到门外。

③用书包护住头部，躲在桌子下面。

④找一个可以构成三角形区域的地方躲避。

44 体罚，住手

1 上课铃响了，老师开始收作业。

2 可是，今天丁丁忘记带作业了。

3 老师听了火冒三丈，她要丁丁罚站一整天。

4 老师那么凶，丁丁还没开始罚站就吓得瑟瑟发抖了。

任何情况下，老师都不得对小朋友们实施体罚，一旦遇到老师体罚自己或者是同学，一定要提出抗议或者立即阻止。

① 老师还在气头上时，不要顶撞。

② 马上向其他老师求助。

③ 及时把事情告诉爸爸妈妈。

45 独自回家

爸爸怎么还不来？

1 放学了，灵灵站在校门口等爸爸。

灵灵，你爸爸让我来接你！

2 有一个陌生人走了过来。

这个叔叔我没见过啊！

3 可是灵灵根本不认识他。

不用了，老师一会儿会来送我回家的！

4 灵灵真聪明，一下就想到了一个好办法。

安全一点通

放学的时候，爸爸妈妈可能临时有事没有及时来接你。如果有陌生人要来接你，千万不能答应哦！他们很可能是拐卖孩子的人贩子。

陌生人来接我，怎么办？

①打电话给爸爸妈妈提醒他们来接你。

②遇到陌生人搭讪，立即返回学校。

③请老师送你回家。

编委会成员名单：

邓妍　许凯　彭凡　凌翔　姜文成　刘芬　邢国良　左志礼

郭思辰　陈文娟　周卓航　蒋琳　赵雪梅　胡雁行　唐羽佳　雷金艳

图书在版编目(CIP)数据

在学校/彭桂兰主编. —北京：农村读物出版社，2014.9（2018.12 重印）

（孩子的第一套安全自救书）

ISBN 978-7-5048-5737-8

Ⅰ．①在… Ⅱ．①彭… Ⅲ．①安全教育-少儿读物 Ⅳ．①X956-49

中国版本图书馆CIP数据核字（2014）第199018号

策划编辑：黄曦

责任编辑：黄曦　　　　　　装帧设计：花朵朵图书工作室

出　　版：农村读物出版社(北京市朝阳区麦子店街18号楼　邮政编码100125)

发　　行：新华书店北京发行所

印　　刷：北京中科印刷有限公司

开　　本：880mm×1230mm 1/24

印　　张：4

字　　数：100千字

版　　次：2018年12月北京第7次印刷

定　　价：20.00元